Introduction to Creative Design

창의적 설계 입문 | 워크북

Workbook

김 용 세 저

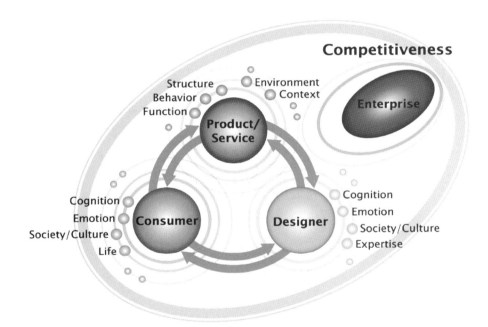

생능출판

▌ 머리말 ▐

창의적 설계란 어떤 것인가를 설명하기 위해, 나의 연구, 교육, 설계 활동에 대해 설명한다. 교수이며, 대학교에서 3개의 직함을 갖고 있다. 기계공학부 교수, 창의적디자인 연구소장, 서비스 융합디자인 협동과정 주임교수. 학력은 서울대 기계공학 학사, Stanford대 Mechanical Engineering 석사, Stanford대 Mechanical Engineering 박사 및 Computer Science 박사 부전공 등이다. 2000년 9월 성균관대 기계공학부 교수로 오기 이전, 미국 일리노이 대학 조교수 7년, 위스컨신 대학 부교수 3년 딱 10년간 교수를 했다. 그리고 Design 연구, 교육 및 컨설팅 활동을 한다.

한국에 왔을 때 디자인계의 교수 등이 내 명함을 보고는 "어, 기계공학을 전공했는데 디자인을 하세요? 그런데 나보다 더 디자이너 같네요"라고 하는 사람들이 꽤 있었다. 사실 나는 디자인을 하기 위해 기계공학을 전공했다. 국내 디자이너 중 아주 많이 알려진 이노디자인의 김영세 대표가 친형님이다. 10살이나 더 많다. 내가 대학 들어갈 때는 1학년이 끝나고 2학년으로 올라갈 때 전공을 정했다. 대학 1학년때 당시 미국에 있던 형에게 편지를 썼다. 전공 관련 조언을 받기 위해서였다. 답장은 금방 왔다. "내가 약 오른 일이 하나 있는데, 세계에서 제일 좋은 디자인 교육 프로그램이 Stanford 대학에 있더라. 그런데 난 미술대학을 나와서, 거기 못 갔다. 왜냐하면 그 프로그램이 공과대학 기계공학과에 있어서. 넌 기계공학과 가서 Stanford 대학에 가라." 그래서 서울대에서 기계공학과를 전공으로 학사학위를 받고, Stanford에 가서 석사와 박사를 했다. 바로 기계공학과에 있는 Design Division에서.

영어의 Design이, 우리나라에선 외래어인 디자인과 한자어인 설계로 불리는데, 마치 두가지가 다른 영역인 것처럼 다룬다. 미술대학 또는 예술대학에서는 디자인을, 공과대학에서는 설계를 얘기한다. 성균관대의 일부 직원선생님들은 내가 하는 분야를 '디자인설계'라고 말한다. 말이 안 되지만 어찌 보면 이렇게 얘기하면 일반인들이 또는 학생들이 제대로 이해할 수 있을 지도 모른다. 바로 이 디자인설계가, 공학 커뮤니티에서 보면, 창의적 설계이다. 본 교재에서도 설명하지만 우리나라 공학의 역사는 새로운 제품 및 서비스의 기획, 개념설계 등 분야에서 매우 취약했다. 오히려 설계라 하면서 공학해석을 많이 해 왔다.

우리나라의 과거 산업발전 역사와 관계가 있다. 따라서 당연히 창의성을 발휘해야 하는 설계임에도, 창의적이란 수식어를 또 붙이는 것이다.

최근에는 융합이란 말이 많이 쓰인다. 그래서 영어의 Design에 해당하는 말로, 나는 최근 융합디자인이란 표현을 쓴다. 즉, 새로운 제품 및 서비스를 기획하고, 그 개념을 디자인하고, 구현 설계하는 것을 통틀어 융합디자인이라고 한다. 여기서의 기획은 인간의 요구사항을 찾아내서 그를 만족시켜 줄 해결책의 기본 틀 및 비즈니스 모델의 기초를 만드는 과정을 말한다. 그래서 융합디자인을 위해서는 국내식으로 하면, 심리학 등의 사회과학 전공자, 경영 전공자, 디자인 전공자, 공학 전공자들이 협력을 해야 하는 것이다.

Stanford 대학의 Design Division은 미국에서 독보적으로 이러한 융합디자인 교육 및 연구를 선도해온 곳이다. Stanford에서 석, 박사 과정을 마치고, 일리노이, 위스컨신 등에서 교수생활을 하며, 집중하여 진행한 연구는 형상모델링 및 시각적 추론 분야이다. 특히 형상 및 시각적 추론 능력을 어떻게 교육할까 하는 문제가 연구 주제였다. 나는 교육을 위한 연구를 내 주요 연구분야로 삼은 것이다. 그리고 이를 바탕으로 국내에 들어와서, 창의적설계 분야의 연구와 교육을 이끌어왔다. 성균관대에서 2001년부터 공학계열 1학년 학생 대상의 창의적 공학 설계 교과목을 개설하였고, 심리학, 소비자학, 디자인 전공 교수들과 협력하여 2004년 창의적 공학설계 교육과정에 사회, 문화적 관점을 강조하는 교과과정으로 개편하였다. 그리고 국내 최초로 성균관대학교가 창의적 공학설계를 공학인증 필수 과목으로 지정하였다.

이러한 교육활동은 연구활동과 밀접히 연계되어 발전하였다. 2004년 당시 과학기술부가 지원하는 창의적 연구진흥사업 연구자로 선정되었다. 연구주제는 창의적 설계추론 지능형 교육시스템 개발. 국내 선도적인 융합연구의 시작이었다. 이를 시발점으로 성균관대에 다양한 전공 교수 12명으로 구성된 창의적디자인연구소(Creative Design Institute, CDI)가 2005년 출범하였다(http://cdi.skku.edu). CDI 연구소에서는 교수들뿐 아니라, 심리학, 교육학, 전산학, 기계공학, 건축, 디자인 등을 전공한 다양한 박사급 연구원 들의 협력연구가 수행되었다. 그 핵심주제는 Design Reasoning 학습 및 교육이었다. 본 교재의 대부분의 내용은 바로 **이 연구를 통해 만들어지고, 성균관대 창의적 공학설계 교과목에서 제공되는 내용이다.** 바로 설계기본 소양의 핵심부분이다. 특히 Exercise를 충분히 제공한다.

2008년부터 내 연구 및 교육의 주 대상은 보다 더 인간본연의 가치를 중요시하는 서비스 분야로 움직였다. 산업경쟁력의 핵심이 기술중심에서 인간중심으로 바뀌었다. 물리적인 제품을 통한 산업경쟁력 패러다임이 앞으로는 인간의 행위를 직접 다루는 서비스 지배 논리로 바뀌어가고 있다. 2008년 12월부터 당시 지식경제부의 지원으로 제품-서비스 통합시스템 디자인 기술개발 연구과제를 시작하였다(http://pssd.or.kr). 인간의 숨겨진 가치를 찾아내고 이를 드라이브하는 인간의 행위를 디자인하고, 이들 행위수행을 돕는 물리적인 인터페이스라 할 수 있는 터치포인트를 디자인하고, 인간의 경험가치를 관리하는 체계의 서비스디자인 방법론을 만들어냈다. 이들 중 일부 내용이 인간의 행위를 자연스럽게 유발하는 제품의 구조 특성인 행위유발 특징형상이란 내용으로 본 교재에 간략히 소개된다.

융합디자인 관점으로 서비스를 새로이 창출하는 디자인 방법론을 만들고 난 후, 2013년 국내 유일한 일반대학원 융합교육프로그램으로 서비스 융합디자인 협동과정을 성균관대에 출범시켰다(http://sdi.skku.edu). 우리나라 두뇌기반 창의산업 경쟁력을 증진시켜 제조업, 서비스업 등 기반 산업의 경쟁력으로 발전시키기 위해 제품과 서비스를 융합하여 새로운 시스템과 비즈니스를 만드는 전문인력을 양성하는 대학원 과정이다. 애플의 아이패드라는 제품과 아이튠스라는 서비스가 융합되어 음악을 듣는 사람에게 새로운 가치를 제공해준 사례, 운동복 및 운동용품을 제조하는 나이키가 고객들의 활발한 운동을 선호하는 태도를 북돋워주기 위해 제공하는 나이키플러스 서비스를 개발한 사례 등이 대표적인 제품-서비스 융합 사례이다. 창의적 설계 기본 소양은 이와 같은 융합디자인 능력의 핵심이다.

세계적으로 융합디자인 분야의 최고 전문가 단체인 Design Society의 27인의 석학들로 구성된 자문위원회의 멤버이다. 산업통상자원부의 창의산업정책 자문위원 및 제조업 서비스화 지원 프레임워크 개발과제 연구책임자로 활동 중이다. 2013년에는 아시아에서는 처음으로 서울 성균관대에서 개최된 Design Society의 대표 국제학술대회인 International Conference on Engineering Design의 조직위원장을 역임했다. 저서로는 창의적 설계 입문(생능출판사, 2009년)이 있다.

성균관대 김용세 교수(yskim@skku.edu)

▌ 차 례 ▌

1

창의적 설계

01 장 창의적 설계

1. 창의적 설계란

디자인이란

'디자인이란, 설계란, Design이란' 등에 대한 설명으로 ≪창의적 설계 입문≫ (김용세, 2009) 15~22쪽을 참조한다.

설계란 어떤 과정으로 진행되는가에 대한 기본적 설명으로 ≪창의적 설계 입문≫ (김용세, 2009)에 나와 있듯이 설계는 문제의 탐색(exploration), 설계 방안의 생성(generation), 설계 방안의 평가(evaluation), 설계 결과의 전달(communication) 등의 과정으로 진행된다. 이를 조금 더 공학 설계 관점으로 설계 행위를 구체화하여 설명하면, 소비자, 고객, 사용자 등 인간의 요구사항을 찾아내어 이를 바탕으로 설계 요구조건을 만들어내고, 다양한 아이디어를 만들어 설계 방안을 합성해내는 과정을 수행하는 것이다. 그리고 이를 설계 방안으로 표현하여 그것을 바탕으로 제품 또는 서비스로 만드는 공학 설계 합성 과정을 수행하는 것이다.

그런데 설계 방안이 인간의 요구사항과 설계 요구조건을 만족하는지를 평가하기 위해 때로는 모형 등을 만들어 이를 통해 제품 또는 서비스의 기능과 성질을 평가하기도 하고, 설계 방안을 토대로 평가 모델을 만들어 이들의 시뮬레이션을 하는 등 공학 해석 과정이 수행되기도 한다. 이러한 평가 결과와 요구사항 및 설계조건과의 비교를 통해 설계보완이 수행되어 앞서 설명한 설계 합성, 평가 등의 과정이 여러 차례 반복적으로 이루어진다. 이와 같은 공학설계 과정은 아래 그림에서 보는 바와 같다.

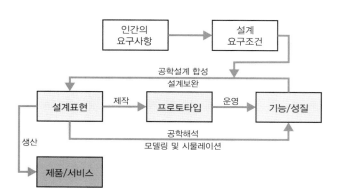

>> 공학설계과정(Antonsson & Cagan 2001)

일반적으로 설계는 크게 개념설계, 기능설계, 구성설계, 구조설계, 생산설계 등으로 나뉘어진다. 우리나라 산업의 역사는 국외에서 설계된 제품의 생산을 통한 산업화부터 시작된다. 따라서 생산설계가 먼저 발전하게 되었을 것이다. 이어서 기존 제품의 일부 구조 변경을 통한 가격 경쟁력 증진이 필요하게 되고 이를 담당하는 구조설계가 발전하였다.

반면에, 아직 이 세상에 나오지 않은 새로운 제품의 개념을 정하고, 이들의 제공 기능을 결정하고, 이들 기능 제공 구성 요소들을 어떻게 연결하는가 하는 개념설계, 기능설계, 및 구성설계 등은 극히 최근까지도 상대적으로 발전이 덜 된 부분이다.

일본 기계학회의 '설계 및 시스템 부문'의 리더 역할을 하는 도시바의 오토미 박사의 말에 따르면(Ohtomi, 2005), 구조설계 및 생산설계 등의 제품개발 하부 과정의 경우 디지털 성향의 많은 정보가 포함된다. 그러나 개념설계, 기능설계 등의 상부 과정은 아날로그 성향의 비정형 정보들이 주를 이루게 된다.

바로 이 상부 과정의 설계는 다양한 유연성을 갖게 되는데, 설계 결과에 핵심적 역할을 하는 의사 결정들이 이 상부 과정에서 결정되는 것이다. 제품의 수명주기(Life-Cycle) 비용의 80%는 이미 제품기획 단계와 개념설계를 포함하는 초기 설계단계(Upstream Design Stage)에서 결정된다. 상세설계 단계 이후에 설계 변경이 되면 제작 시간 및 비용에 심각한 낭비를 초래된다.

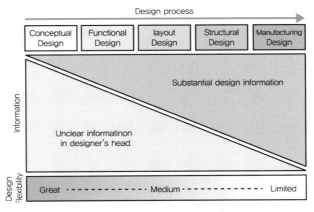

》 설계 과정(Ohtomi, 2005)

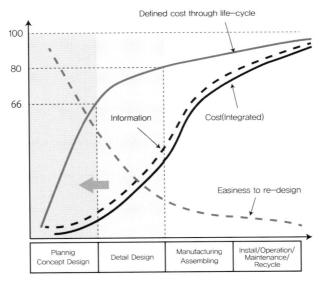

》 제품 개발에 있어서 초기설계 단계의 중요성(Ohtomi, 2005)

따라서 창의적 공학설계라 하면, 주로 새로운 제품과 서비스의 개념을 디자인하는 과정을 일컫는다고 볼 수 있다. 일반적으로 설계과정은 두 번째 그림에서 보는 프로세스로 진행된다. 이 과정 중에서 설계 안의 생성(generation) 또는 합성(synthesis) 부분에 조금 더 요구되는 창의적인 과정, 즉 새롭고, 유용하고, 멋들어진 설계안을 만드는 과정을 의미한다고 볼 수 있다.

또한 최근의 설계 또는 디자인의 핵심과정은 개념설계 이전의 기획과정이다. 바로 요즈음 스티브 잡스의 말을 빌어서 많이들 사용하는 기술과 인문사회과학의 융합이 이러한 기획 및 개념설계 단계에서 더욱 부각된다고 할 수 있다.

2. 창의적 공학 설계 기본 소양

창의적 공학 설계 또는 설계자가 갖추어야 하는 기본 능력을 설계 기본 소양이라 정의한다. 영어로는 'Qualities of Design Engineers'라는 표현으로 스탠퍼드 대학의 셰리 셰퍼드(Sheri Sheppard) 교수는 아래의 16가지 일반적인 소양 항목을 열거하였다(Sheppard & Jenison 1997).

- Communicate, negotiate and persuade
- Work effectively in a team
- Engage in self-evaluation and reflection
- Utilize graphical and visual representations and thinking
- Exercise creative and intuitive instincts
- Find information and use a variety of resources
- Identify critical technology and approaches
- Use of analysis in support of synthesis
- Appropriately model the physical world with mathematics
- Consider economic, social, and environmental aspects of a problem
- Think with a systems orientation
- Define and formulate an open-ended and/or under-defined problem
- Generate and evaluate alternative solutions
- Use a systematic, modern, step-by-step problem solving approach
- Build up real hardware to prototype ideas
- Trouble-shoot and test hardware

시각적 추론

02 ^장 시각적 추론

2장은 《창의적 설계 입문》 (김용세, 2009)의 내용(31~66쪽)의 내용을 보완하는 설명 및 훈련 내용으로 구성되어 있다.

자, 이제 2장에서는 설계 기본 소양에서 언급된 '시각적 표현 및 사고 기본 소양'에 긴밀하게 연결된 부분을 소개하고 그에 따른 훈련을 제공한다. 사실 시각적 사고 및 추론 능력은 'Design Ideation 과정'의 핵심이며 창의적 설계 능력의 진수이다. 이 내용은 대학 1학년 때 등의 젊은 시절에 가장 적절히 또 충분히 소화하여 습득해 두면 평생을 두고 핵심 역할을 하는 창의적 설계 기본 소양이다. 2장의 대부분의 내용은 저자 자신의 지난 23년간의 설계 교육 및 연구를 통해 얻어진 내용에 기초하고 있다.

우선 그리기를 연습한다. 만약 그림을 좋아하지 않는 설계자라 하더라도 최소한 그림 그리기 방법은 알고 있어야 하며, 그림을 그릴 필요가 생겼을 때에는 그릴 수 있는 능력을 머리 속에 가지고 있어야 한다. 왜냐하면 그림을 그리는 능력과 시각적 사고를 하는 과정의 기반 인지 능력 없이는 절대 설계 아이디어를 만들어 낼 수 없기 때문이다. 그리기를 좋아해라.

《창의적 설계 입문》에서도 언급한 바와 같이 그리기에는 보는 과정이 필수적으로 수반된다. 따라서 '보고 그리기'가 그리기의 핵심이다. 이어지는 과정에는 보기와 그리기의 원칙을 소개한다. 그리고 상자 그리기, 레고 블록 그리기 등의 연습을 할 것이다. 이어서 간단한 제품 그리기 연습을 실시한다.

본 교재는 훈련과정에 학생들이 스스로 여러 가지 생각을 하면서 훈련이 수행되도록 만들어졌다. 단순한 훈련이지만, 생각을 곁들이게 되면 엄청난 학습을 하게 된다.

이어서 스탠퍼드 대학의 로버트 맥킴(Robert McKim) 교수가 'Design Ideation'의 핵심 과정으로 설명한 'Seeing-Imagining-Drawing'의 과정(McKim, 1972)을 학습한다. 역시 본 교재에서는 기본 설명에 대해서는 반복하지 않고 창의적 설계 입문의 시각적 추론 부분을 이용하며, 본 교재에서는 충분한 훈련을 위한 내용을 제공한다.

1. 그리기

≪창의적 설계 입문≫ (김용세, 2009) 2장 시각적 사고 및 시각적 추론의 그리기에 대한 설명을 우선 참조한다.

시각적인 표현 능력이 'Design Engineer'의 필수 자질(Quality)라는 셰퍼드(Sheppard)교수의 말처럼, '그림 그리기는 디자이너·설계자의 대표적 기본 소양이다'라는 설명이 창의적 설계 입문에 언급되어 있다. 본 교재에서는 그리기의 역할 부분에 대해 조금 더 보완 설명한다.

창의적 설계 입문에서 말한 바와 같이 우리는 모두 그림을 그릴 줄 안다. 또 좋아한다. 그렇지 않다고 말하는 사람들이 있더라도, 그들이 진심으로 설계능력을 기르고자 하거나 그리기의 역할에 대해 알게 되면 모두들 그리기를 연습할 것이다.

첫째, 그리기는 설계자·디자이너 또는 이 분야의 학생에게는 목적이 아니라 수단이다. 문제를 해결하게 하는 수단이고, 새로운 아이디어를 만들어내게 하는 수단이고, 커뮤니케이션을 도와주는 수단이다.

둘째, 그리기는 보기(See) 위해서 한다. 영어의 보기(See)가 갖는 다양한 의미를 생각해 보라. 그리기는 물체의 구조와 구성하는 요소들, 또 이것들의 관계를 이해하는 능력을 길러준다. 그리기는 만들어내고 있는 아이디어를 보거나 이해하는 것을 도와준다. 마음속에 있는 이미지를 포착하고 이것들을 평가 분석하기 위해서는 그리기가 필요하다. 즉 그리기 능력에는 그려질 것들을 보는 능력이 포함된다.

그리기는 머릿속의 시각적 이미지를 손으로 표현하고, 이를 다시 눈으로 보고 마음으로 평가해 또 다른 이미지를 만들어 내는 순환과정이라 할 수 있다. 즉 Brain → Hand → Image → Eye → Brain → Hand 등으로 이어진다.

일단 거창한 말은 우선 여기까지로 마치고, 기본적인 그리기를 위한 방법을 소개한다. 우선 '보고 그리기'이다.

보고 그리기

그리기 연습은 '보이는 대로 그리기'에서 시작한다. 있는 그림을 보고 그대로 그리는 것부터 시작하라. 연습을 많이 해야 실력이 는다. 그리고 보기의 원칙도 이해하여야 한다. ≪창의적 설계 입문≫(김용세, 2009)에 원근투시법에 대한 간단한 설명(37~44쪽)이 있다. 이들을 보완하기 위해 (EDGV, 2002)에서 원근투시법 관련 설명을 일부 발췌하여 보여준다.

Example 원근투시법(Perspective Drawing)

1점 투시도

2점 투시도

3점 투시도

박스의 원근투시법

1점 투시도

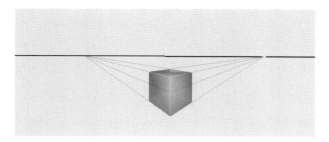

2점 투시도

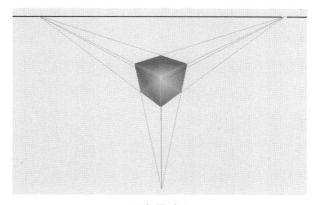

3점 투시도

눈의 위치

아래 그림을 보면 다섯 개의 박스들이 모두 2점 투시도(2 point perspective)로 보인다. 현재 눈의 위치보다 모두 낮은 곳에 위치한 박스들이어서 이들의 윗면을 모두 볼 수 있다. 그 다음 그림에선 눈의 위치를 왼쪽으로 움직여 박스들의 왼쪽 면을 더 많이 보게 된다.

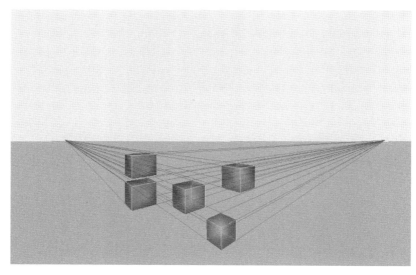

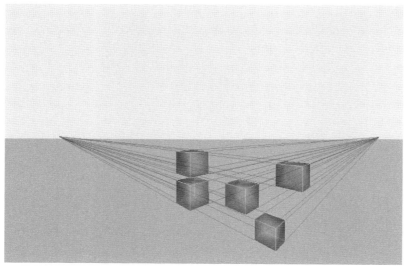

상자 그리기

정육면체, 직육면체 등을 보는 눈의 위치 및 보는 방향과 이들 상자의 주축의 방향 등을 다양하게 다르게 해놓고 그리는 연습을 해라.

핑크 박스는 현재 눈과의 상대적인 방향이 1점 투시도(1 point perspective)로 보이게 되는 반면 파란색 박스는 2점 투시도(2 point perspective)로 보인다. 핑크색 박스의 3주축 방향 중 하나의 방향에 나란한 선분들이 소실점에 모이게 된다. 이들 선분들은 수평하므로 이 소실점은 수평선 상에 있다. 파란색 박스의 경우는 3주축 방향 중 2방향에 나란한 선분들이 두 개의 소실점에 모이게 된다. 이들 또한 수평선 상에 있다.

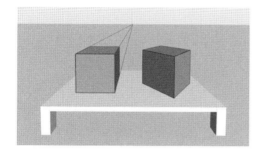 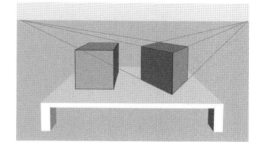

두 개의 직육면체와 보는 눈의 상대적인 위치는 아래박스의 윗면과 윗박스의 아랫면 사이에 눈이 위치하여 각각 해당면을 볼 수 있다. 윗박스의 경우 박스의 오른쪽 면을 더 많이 볼 수 있고, 아래박스는 왼쪽 면을 더 많이 볼 수 있다.

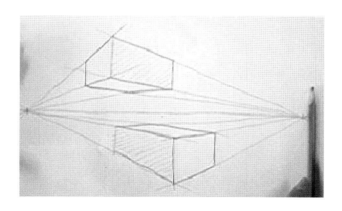

Example 레고 블럭 그리기

≪창의적 설계 입문≫(김용세, 2009)의 2장 시각적 사고 및 시각적 추론(45쪽)에서 레고 블럭을 이용한 보고 그리기를 소개했다. 추가 사례 하나를 본 교재에서 제공한다.

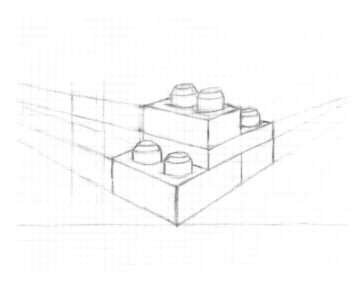

상자와 레고 블럭 그리기에 지쳤다면 이번에는 버스를 그려보자. 버스는 기본적으로 상자와 같은 형상을 갖고 있다. 따라서 원근투시법 등 보기 원칙을 적용하기 쉽다. 그리고 사진과 같이 여러 가지의 구체적인 특징형상(Feature) 또한 갖고 있다. 심지어는 버스 번호, 광고 내용 등의 요소도 과연 얼마나 잘 보고 잘 그리는지를 훈련하는데 도움이 된다. 타요 버스와 로기 버스 등과 같은 형상의 버스들을 각기 다른 방향과 위치에 놓고 상대적인 차이점을 확인하며 보고 그리기를 연습한다.

개인과제 – 자기집 안내하기

Assigned :

기한 :   (0.5주 과제)

목적 :

창의적 공학 설계 강의실에서 각자 자신의 집까지 '교수'가 찾아올 수 있도록 안내장을 만든다.

제약조건 :

A4용지 2장을 사용한다.

평가기준 :

충분한 정보

간결하고, 체계적이어서 이해의 용이성

적절한 시각적(Visual) 정보와 기타 정보의 융합

추가 힌트

제약조건의 해석을 창의적으로 하라.

지도나 약도를 만들라는 숙제가 아니다.

숙제를 받는 그날, 강의실에서 나가면서 바로 숙제를 시작하는 것이다.

Visual Thinking하라. Think하며 보라.

우리 주변에 흔히 볼 수 있는 제품의 경우 몇몇 다른 종류의 제품을 그려보자. 6가지 의자가 아래와 같이 있다. 이들은 모두 비슷한 의자의 기능을 제공하는데 그 구조를 보면 공통되는 부분이 있고, 또 각기 다른 부분이 있다. 각각 특정 기능을 하는 형상, 즉 기능적 특징 형상들이 서로 어떻게 다른가? 등을 생각하며 그리기를 연습해보자.

2. 그리기 원칙과 응용

직각투영법(Orthographic Projection)

원근투영법과 다르게 눈의 위치가 무한히 먼 곳에 있다고 가정하면, 입체의 모든 부분에 대해 -예를 들면 아래의 정육면체의 4개의 꼭지점에 대해- Line of Sight는 모두 동일한 방향을 갖는다. 따라서 직각투영도에서는 원근감이 나타나지 않는다.

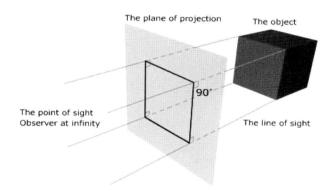

입체의 면(Face)과 투영면(Projection Plane)과의 관계

- 입체의 면과 특정 투영면이 평행 관계

정면도 투영면에 투영된 직각삼각형 모양의 면은 정면도 투영면과 평행한 관계를 갖는다. 따라서 이 면은 실제 모습과 같은 True Shape, True Size 투영으로 나타난다.

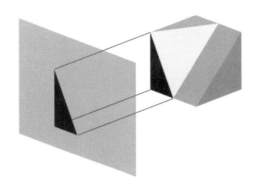

- 입체의 면과 특정 투영면이 수직 관계

정면도 투영면에 투영된 이등변 직각삼각형 모양의 면은 정면도 투영면과 수직인 관계를 갖는다. 따라서 이 면은 정면도에는 Dimension drop이 일어나 면으로 투영되지 않고, 선분(Edge)으로 투영된다.

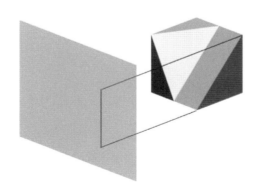

- 입체의 면과 특정 투영면이 기울어진(Slanted) 관계

정면도 투영면에 투영된 직사각형 모양의 면은 정면도 투영면과 기울어진 관계를 갖는다. 따라서 이 면은 정면도에는 면으로 투영되고, 그 모습과 크기는 실제 면과 다르게 나타난다. 기울어진(Slanted)면들은 행당 투영면이 아닌 인접 투영면인 우측면에 Edge로 투영된다.

- 입체의 면과 특정 투영면이 삐뚤어진(Skewed) 관계

정면도 투영면에 투영된 아래의 삼각형 면은 정면도 투영면과 삐뚤어진(Skewed) 관계를 갖는다. 따라서 이 면은 정면도, 평면도, 측면도 모두에 면으로 투영되고, 그 모습과 크기는 실제 면과 다르게 나타난다.

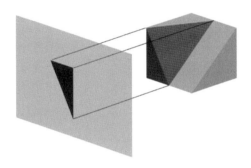

위의 입체의 정면도, 평면도, 우측면도는 각각 아래와 같다.

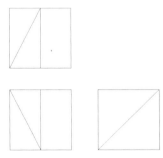

입체의 선분(Edge)과 투영면(Projection Plane)과의 관계

- 입체의 선분과 특정 투영면이 평행 관계

아래 그림에서 보여지는 이등변 직각삼각형인 면의 선분은 정면도 투영면과 평행하다. 따라서 True Length로 투영된다.

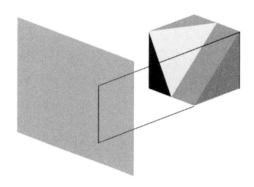

- 입체의 선분과 특정 투영면이 수직 관계

아래 그림에서 보여지는 직각삼각형인 면의 선분은 정면도 투영면과 수직하다. 따라서 투영에 의해서 Dimension drop이 일어나, 점(Point)으로 투영된다.

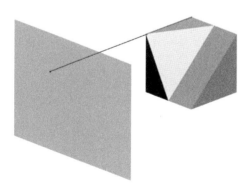

- 입체의 선분과 특정 투영면이 평행도 아니고 수직도 아닌 관계

아래 그림에서 보여지는 직사각형 면의 선분은 정면도 투영면과 기울어져 있다. 따라서 이 선분은 정면도에 Non-True Length인 선분으로 투영된다.

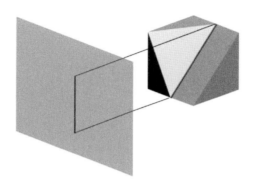

Example 입체의 면과 선분들의 정면도 투영면과의 관계

For every edge, select the relation between the edge and the view plane.

Edge (line)	Relation to view plane	
1	PV	▼
2	NTL	▼
3	TL	▼
4	NTL	▼

Notation
TL = True Length
NTL = Non-True Length
PV = Point View

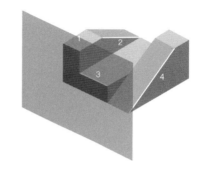

For every face, select the relation between the face and the view plane.

Face (plane)	Relation to view plane	
1	⊥	▼
2	//	▼
3	⊥	▼
4	⊥	▼
5	⊥	▼
6	⊥	▼
7	//	▼

Notation
// = Parallel
⊥ = Perpendicular
/ = Slanted

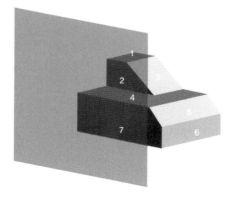

직각투영법 View Box

직각투영도는 원근감을 배제한 투영방법이므로 투영내용이 척도에 따라 전반적 크기는 달라지지만, 투영도에서 입체의 각 점, 선, 면 객체들의 상대적인 크기는 실제와 같게 된다. 반면 투영(Projection)이라는 수학적 표현이 말해주듯, 3차원 입체를 2차원 투영면에 표현하므로 입체의 정보 일부를 잃게 된다. 이를 보완하기 위해 여러 개의 투영면을 이용하게 된다. 특히 정면에서 보는 투영면, 위에서 보는 투영면, 그리고 이들 둘과 모두 수직인 옆면에서 보는 투영면을 이용하면 투영(Projection)에 의한 치수 손실(Dimension Loss)에도 불구하고 입체의 형상 이해를 높일 수 있다. 입체도와 직각투영도의 예시들이 아래에 보여진다.

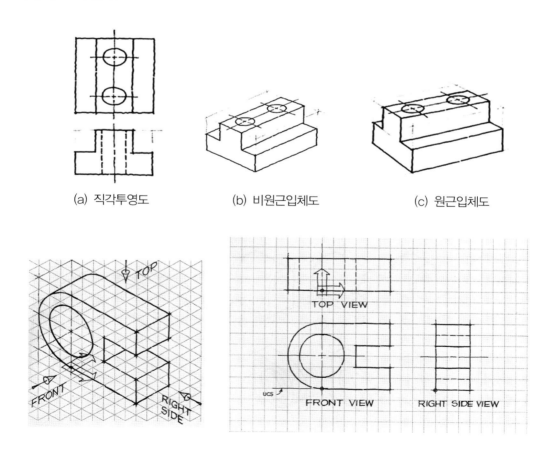

(a) 직각투영도   (b) 비원근입체도   (c) 원근입체도

아래 그림에서 회색의 입체를 앞에서, 위에서, 오른쪽 측면에서 보는 View Box 속에 집어넣고 각각 해당 방향에서 투영한 결과를 투영면에 보여주고 View Box 투영을 볼 수 있다. 이 경우 3개의 보는 방향은 3차원의 주축(Principal Axis) 방향이다. 투영면들을 펼쳐서 정면 투영면과 같이 배열한 경우 우리가 도면에서 흔히 사용하는 정면도(Front View), 평면도(Top View), 우측면도(Right Side View) 등을 얻게 된다

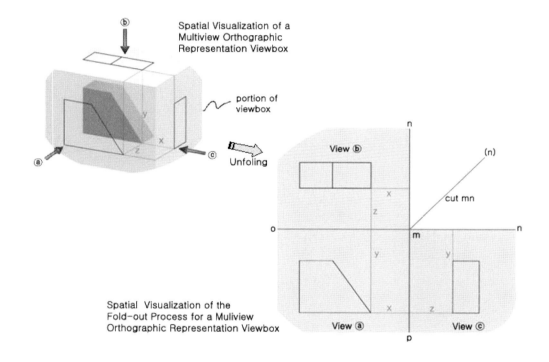

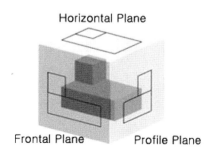

정면도와 평면도간에는 좌측에서 우측으로 진행하며 정면도 상의 개체와 평면도 상의 객체의 연계성을 찾을 수 있다. 아래그림 a처럼 Sweeping line을 가장 좌측의 객체에 맞추어보자. Sweeping line을 오른쪽으로 이동시키면서 만나는 객체를 보면, b 위치에서 정면도, 평면도에 동시에 변화가 일어남을 알 수 있다. 즉 정면도의 선분이 평면도의 직사각형과 매치된다. 이어서 Sweeping Line을 계속 오른쪽으로 움직이다 다음 변화는 c에서 일어난다. 즉, 정면도의 기울어진 선분이 평면도의 또 다른 직사각형과 매치된다. 이를 View Box에 연계하여 보면, 정면도 투영면에 수직인 직사각형 A가 Sweeping line a → b 이동에 걸쳐 정면도에 수평인 선분으로 투영되었고, 기울어진 직사각형 B가 Sweeping line b → c 이동에 걸쳐 정면도에 기울어진 선분으로 투영되었음을 알 수 있다.

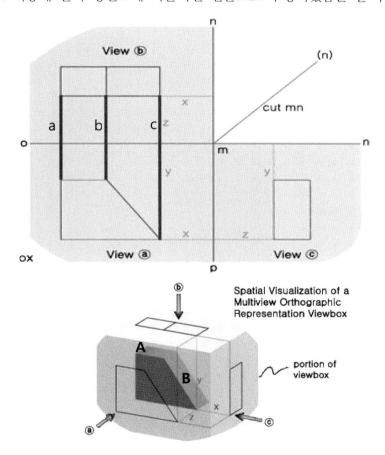

Spatial Visualization of a
Multiview Orthographic
Representation Viewbox

portion of viewbox

Multi-View Projection

View Box 6면에 각각 투영된 내용을 전개했을 때의 투영도는 아래와 같다.

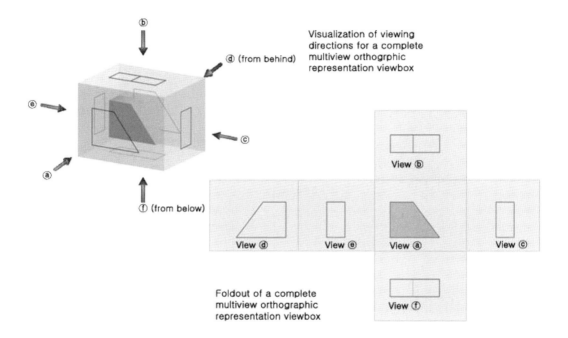

Visualization of viewing directions for a complete multiview orthogrphic representation viewbox

Foldout of a complete multiview orthographic representation viewbox

Exercise 주어진 정면도, 평면도에 해당하는 우측면도는?

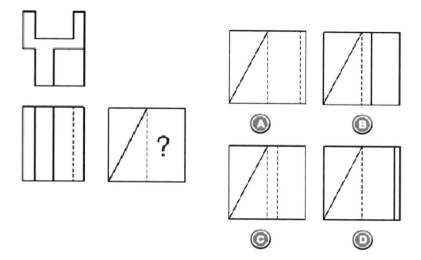

Missing View Problem

입체가 직각 투영될 때 각 투영도의 면, 선분, 점 들은 매치되는 입체의 면, 선분, 점 들이 있다. 창의적인 문제 해결 과정은, 문제를 발견하고, 관련 자료들을 찾는 지적인 공간과 창의적인 방법으로 이들의 해결책을 찾는 직관적 공간, 그리고 무언가 아이디어가 떠올랐을 때, 이를 실현 가능하게 만들기 위해 다시 들어가는 지적인 공간, 해결책의 진전이 없을 때, 부화기능을 염두에 두고 생각을 전환하기 위한 휴식을 취하며 들어가는 잠재적인 공간 등을 자유롭게 넘나들면서 진행된다. Udal은 2차원의 투영도와 3차원의 입체를 잘 연계하는 능력을 마치 창의적 문제해결 과정에서 지적인 공간과 직관적 공간 등을 자유롭게 넘나드는 능력과 연계하여 설명한다. 이런 관점에서 투영도와 그 입체의 연계성 찾기는 창의적 문제해결 능력 기르기와 연계가 있다.

간단한 입체의 경우 정면도, 평면도, 우측면도 등 3 직각투영도를 이용하면 어느 정도 해당 입체를 충분하게, 그리고 애매모호하지 않게 표현할 수 있다. 그런데 이 중 한 개 투영도를 제외하면, 투영도들이 제공하는 제약조건들이 느슨하게 된다. 따라서 주어진 두 투영도의 제약조건을 이용하여 해당하는 입체의 면, 선 등의 객체를 가정하고, 입체를 머릿속에 그린 후, 이를 스케치로 다시 표현하고, 이 스케치와 주어진 투영도의 제약조건들과의 상호 수용성을 검토해가며 입체를 만들어가게 된다. 이러한 과정을 ≪창의적 설계 입문≫ (김용세, 2009)에서 시각적 추론(Visual Reasoning)으로 설명하였다.

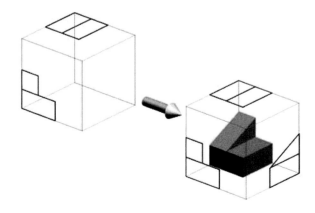

Sweeping

이러한 시각적 추론 능력을 배양하기 위해 우선 직각투영도와 입체의 연계성을 시각적
으로 추론하는 연습을 한다. 먼저 Sweeping의 개념을 설명한다.

Exercise 주어진 입체의 정면도, 평면도, 우측면도를 그려라.

입체의 모든 면은 평면으로 가정하라. 즉 원통면 등 곡면이 전혀 없는 것으로 가정한다.
정면도의 면이 정면도 투영방향으로 Sweep되며 얻어지는 입체를 머릿속에 그려보라. 또는 시각적으로 생각해보라.

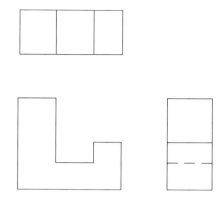

정육면체에서 변형하기

우선 정육면체의 정면도, 평면도, 우측면도는 모두 정사각형이다. 여기서 입체를 조금씩 변형시키면서 해당입체의 직각투영도를 그린다.

2번째 입체의 경우, 한 면만이 투영면에 평행하지 않다. 바로 이 면은 Front 투영면과 Right-side(우측) 투영면에 Slanted인 직사각형 면으로 정면도과 우측면도에 각각 정사각형으로 투영된다. 이면은 정면도 투영면의 왼쪽 수직 선분을 평면 투영 삼각형의 앞쪽 꼭지점에 고정시키고, 오른쪽 수직 선분을 정면도 투영방향(F방향)으로 늘려서 평면 오른쪽 직각이 아닌 꼭지점까지 늘렸을 때 만들어지는 면에 해당한다. 3번째 입체는 2번째 입체의 경우와 비슷하게 해석되어, 평면 투영면이 그 왼쪽 선분을 정면투영의 위쪽 꼭지점에 고정시키고, 오른쪽 선분을 아래로 잡아 늘려 만들어지는 사각면이 유일하게 투영면에 평행하지 않은 Slanted 면이 된다.

4번째 입체는 3번째 입체를 평면 투영면의 비스듬한 선분 방향으로 수직으로 잘라낸 경우에 해당한다. 또한 평면 투영면을 정면도의 아래 수평한 선분에 일치하여 고정시킨 후, 왼쪽 꼭지점을 정면도의 왼쪽 위 꼭지점 높이만큼 늘려 올릴 때 만들어지는 Front 투영면에 직각인 Slanted면이 되는 입체이다. 또 다른 관점은 정면도에 해당하는 삼각형이 왼쪽 수직인 선분을 고정시키고, 오른쪽 아래의 꼭지점을 평면도의 오른쪽 위 꼭지점, 즉 Front 투영면에서 멀리 위한 꼭지점까지 늘릴 때 이 삼각형면이 가르는 모든 공간에 해당하는 입체로도 해석이 가능하다.

5번째 입체는 정육면체를 왼쪽 뒤쪽 수직인 선분의 위 꼭지점, 앞쪽 아래쪽 수평한 선분의 왼쪽 꼭지점, 오른쪽 뒤쪽 수직인 선분의 아래 꼭지점 등 3개 꼭지점으로 정의되는 면으로 잘라서 앞부분을 제거했을 때 만들어지는 입체에 해당한다. 직각 투영도로부터 이 입체를 만들어 내려면, 평면도의 삼각형을 정면도의 아래 선분에 일치시킨 후, Slanted 선분을 바닥면에 고정시킨 후, 직각을 이루는 꼭지점을 위로 서서히 끌어올려 정면도의 왼쪽 위 꼭지점에 일치할 때까지 올려서 이 삼각형이 가르는 공간으로 만들어지는 입체라고 해석할 수 있다.

위의 설명은 그냥 읽어서는 이해되기 어렵다. 차근차근 설명 내용을 스케치로 그리면서, 해당 변형을 따라 하면서 이해하도록 만들어진 설명이다. 투영도로부터 Seeing-Imagining-Drawing 과정의 반복적용으로 추론해나가는 부분의 Seeing과 Imagining 부분에 해당하는 설명이라 할 수 있다. 이 인지과정이 설계과정의 핵심이니, 위의 설명을 차근차근 그리면서 따라가는 훈련을 하기 바란다.

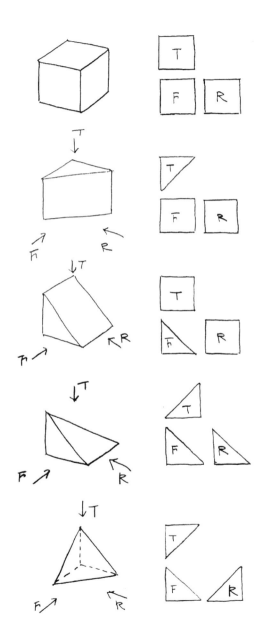

Exercise **주어진 입체의 정면도, 평면도, 우측면도를 그려라.**

이 경우 입체는 2개의 입체가 조합된 경우로 볼 수 있다. 이들을 각각 나누어서 생각하는 전략(Divide & Conquer 전략)을 취해보자.

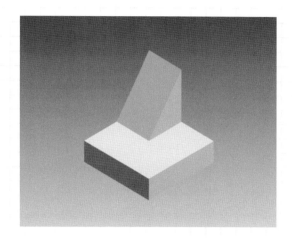

주어진 입체의 정면도, 평면도, 우측면도에 해당하는 입체를 스케치하라.

View Box를 만들어 각 투영도를 View Box에 그려 넣고, 정면도와 평면도에서 매치되는 객체 또는 정면도와 우측면도에서 매치되는 개체를 스케치해가면서 다른 투영도와 매치되는지를 검토하며 입체를 스케치한다.

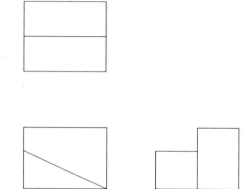

주어진 입체의 정면도, 평면도, 우측면도에 해당하는 입체를 스케치하라.

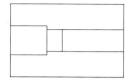

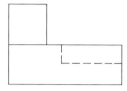

Example 주어진 입체의 정면도, 평면도, 우측면도는 아래와 같다. 입체의 면들이 어떻게 투영도에 보이는지 잘 살펴보자.

입체의 안 보이는 부분은 가장 간단한 형상으로 가정하거나 보이는 부분과 대칭을 이루는 형상으로 가정한다. 또한 각 면은 곡면이 없는 평면으로 가정한다.

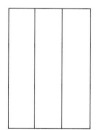

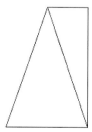

4. 창의적 지각 능력(Constructive Perception)

스케치 그림을 보고 여러 다른 방향으로 풀어보는 행위와 새로운 아이디어를 생성하는 행위는 함께 같이 작동하게 된다. 건축 설계 전문가들의 설계 인지과정에 대한 연구를 통해, 설계자 자신의 스케치를 보고서 거기에서 종종 다른 점을 새로이 발견하는 설계자들이 새로운 아이디어도 많이 만들어내는 경향이 있다는 것이 밝혀졌다. 설계 전문가들의 두 가지 인지 능력을 밝혀낸 것인데, 미묘한 특징이나 관계를 보는 능력과 아이디어 생성 또는 해석 능력이다. 두 능력을 잘 조화하여, 이들이 서로를 증진시키도록 하는 것이 창의성 증진을 가져온다고 할 수 있다.

보기 발견과 개념 아이디어 능력을 조화롭게 발전시키기 위해 어떻게 해야 하나? 훈련을 통해 발견적 보기와 개념 생성을 많이 겪어 이 능력을 발전시킬 수 있다. 그런데, 훈련량과는 무관하게, 어떤 사람들은 다른 사람들보다 더 효과적인 경우도 있다. 발견적 보기와 개념 생성의 조화능력의 기저를 이루는 인지적 능력을 창의적 지각능력(Constructive Perception)이라고 한다(Suwa & Tversky 2001). 창의적 지각 능력이란 지각 능력이 다양한 해석능력의 기초를 제공하고, 새로운 해석을 위해서 지각된 내용을 재구성해야 함을 의미한다. 실험을 통하여 경험이 많은 디자이너일수록 창의적 지각 능력이 발달했음이 밝혀졌다. 자 이제 이 능력을 길러보자.

예를 들어 아래 그림은 사람의 그림이라 생각하면, 두 사람이 얼굴을 마주하고 있는 그림으로 해석된다. 다시 이번에는 물건이라 생각하면, 와인잔의 그림으로 해석된다.

조금은 모호한 스케치를 보고 이를 여러 다른 내용으로 보기, 스케치의 구성요소들을 재조합하기, 이들을 다른 관점에서 보기, 그리고 이런 새로운 조합을 해석하기 등을 연습한다. 그러기 위해, 애매모호한 그림을 보고 가능한 많은 다른 해석을 만들어 내는 연습을 한다. 아래 Exercise의 그림들은(Suwa & Tversky 2001)은 애매하여 여러 다른 해석이 가능하다.

Exercise Constructive Perception 1

제출자 성명 :

아래 그림은 애매하여 여러 다른 해석이 가능하다. 각각의 그림 밑에 해당 그림의 해석을 각기 다르게 적어라.

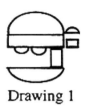

Drawing 1

_____

Drawing 1

_____

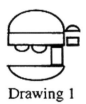

Drawing 1

_____

Drawing 1

_____

Drawing 1

_____

Drawing 1

_____

Exercise Constructive Perception 2

제출자 성명 :

아래 그림은 애매하여 여러 다른 해석이 가능하다. 각각의 그림 밑에 해당 그림의 해석을 각기 다르게 적어라.

Drawing 3

_____

Drawing 3

_____

Drawing 3

_____

Drawing 3

_____

Drawing 3

_____

Drawing 3

_____

Exercise Constructive Perception 3

제출자 성명 :

아래 그림은 애매하여 여러 다른 해석이 가능하다. 각각의 그림 밑에 해당 그림의 해석을 각기 다르게 적어라.

Drawing 4

Drawing 4

Drawing 4

Drawing 4

Drawing 4

Drawing 4

1. 창의성 인지요소 훈련 프로그램 소개

이 프로그램은 다섯 가지의 설계 창의성 요소를 중심으로 각각의 요소를 개별적으로 증진시킬 목적으로 개발되었다. 이 훈련 프로그램은 이야기 만들기, 공감각 이용하기, 부정하기, 블랙박스 채우기, 다양하게 분류하기 이렇게 다섯 가지 프로그램 패키지로 구성되어 있다. 각각의 다섯 가지 프로그램은 서로 다른 설계 창의성의 요소를 중점적으로 향상시킬 수 있도록 구성되어 있다. 각 프로그램의 창의성 인지 요소에 대한 연계성 정도는 아래 표에서 보는 바와 같다(김용세, 2009).

(표 2) 창의성 인지 요소 훈련 프로그램과 창의성 인지 요소의 증진 정도(김용세, 2009)

	유창성	융통성	독창성	정교성	문제 민감성
이야기 만들기		상	하	중	
공감각 이용하기		중			상
부정하기		상	중		하
블랙박스 채우기	상		하	하	
다양하게 분류하기		상			중

이야기 만들기

이야기 만들기는 학생들에게 주어진 세 가지 그림의 순서에 따라 서로 다른 이야기를 만들도록 하는 훈련 프로그램이다. 같은 그림이 반복적으로 제시되지만 순서가 다르게 제시되므로, 각 제시 순서마다 다른 이야기를 전개시킴으로써 융통성을 증진시키도록 한다. 이야기의 흐름을 논리적으로 전개하고, 각 이야기들을 구체화시킴으로써 정교성을 증진시킬 수 있으며, 독특한 이야기 구성을 시킴에 따라 독창성을 증진시킬 수 있다.

공감각 이용하기

공감각 이용하기는 학생에게 사물이나 추상적인 개념에 대해서 오감에 대한 표현을 하게 하는 훈련 프로그램이다. 평상시 생각해 보지 못했던 관점에서 사물이나 추상적인 개념에 대한 감각을 서술하게 함으로써, 발견하지 못했던 새로운 특성을 찾아낼 수 있도록 문제에 대한 민감성을 길러주며, 주어진 단어에 대해서 실제로는 오감으로 표현될 수 없는 느낌까지 표현하도록 함으로써 융통성을 기를 수 있게 한다.

부정하기

부정하기는 학생들에게 주어진 사물에 대해서 의도적으로 부정하도록 하여 새로운 기능이나 형태를 부여할 수 있도록 하는 훈련 프로그램이다. 사물에 대한 고정관념을 깨도록 함으로써 융통성을 기를 수 있고, 그 사물에 다른 독특한 특성을 부여하도록 함으로써 독창성을 기를 수 있다.

블랙박스 채우기

블랙박스 채우기는 주어진 시간동안 투입(input)과 결과(output)의 요소를 연결시키면서 가능한 많은 블랙박스를 채우도록 하는 프로그램이다. 짧은 시간 동안 많은 답을 창출하도록 노력함으로써 유창성을 기를 수 있고, 이 활동을 통해 투입과 결과의 요소를 논리적으로 연결시킬 수 있도록 설명하는 훈련을 하도록 함으로써 정교성을 기를 수 있다. 각 투입과 결과의 요소의 독특한 연결고리를 만듦으로써 독창성을 기를 수 있다.

다양하게 분류하기

다양하게 분류하기는 학생들이 주어진 17가지 물체에 대하여 2가지로 분류하도록 하는 프로그램이다. 총 5번 같은 물체들에 대해서 매회 다른 기준을 가지고 분류하기를 하는 활동을 통해 융통성을 기를 수 있으며, 각 물체들의 특성을 계속 찾도록 하기 때문에 문제 민감성을 기를 수 있다.

2. 창의성 인지 요소 훈련 프로그램 지도 방법

이야기 만들기

프로그램명	이야기 만들기
창의성 인지요소	융통성, 정교성, 독창성
프로그램 목표	이야기 만들기 프로그램을 통하여 (1) 제시된 사진 자료의 순서를 뒤바꾸어 가면서 사진자료에 대한 다양한 이야기를 만들어봄으로써 다양한 시각을 변화시켜야 하는 융통성을 기른다. (2) 주어진 사실들의 인과관계를 추론하여 구체화시키는 정교성을 기른다. (3) 독특하고 새로운 이야기를 만드는 활동을 통하여 독창성을 기른다.
소요시간	40분
프로그램 과정	**도입 (10분)** 1. 프로그램 목표에 대해 안내한다. 　– 이 프로그램을 통해서 융통성, 정교성, 독창성을 기를 수 있음을 명시한다. 2. 둘씩 짝을 지어 앉도록 한다. 3. 프로그램지를 배부한다. 4. 다음의 지시사항 전달한다. 　– 세 개의 그림들을 연결시켜 이야기를 만드는 활동입니다. 　– 같은 그림이라도 제시된 순서가 다르면 각각의 이야기는 서로 다른 새로운 이야기가 됩니다. 　– 아래 제시된 그림 순서에 따라, 독창적인 이야기를 이야기의 연결이 자연스럽고 흥미 있도록 만들어보세요. **전개 (20분)** 프로그램지의 순서에 따라 이야기 만들기 프로그램 진행 (1) 독창적인 글을 쓰도록 한다. (2) 지시된 순서에 따라 각각 새로운 이야기를 써야 함을 강조한다. **정리 (10분)** (평가) 짝진 팀끼리 서로의 이야기를 읽어보고, 평가하기 　– 둘씩 짝 지어진 팀끼리 서로의 이야기를 교환해서 읽어 보도록 하고, 짝의 이야기에 대해 10점 만점의 점수를 부여하고, 점수에 대한 설명과 평가문을 쓰도록 한다. 　– 서로에 대한 평가를 함으로써 훈련 프로그램에 대한 이해를 높일 수 있다. 　– 잘되었다고 평가된 이야기를 서로 발표하도록 한다. 　– 다른 사람의 이야기를 들음으로써, 다른 사람의 융통성 있고, 독창적인 아이디어의 전개 방식을 탐색해 보고 자신의 부족한 점 생각하도록 한다.
유의점	– 매회 이야기의 전개가 다르게 진행되도록 주의를 준다. – 학생들이 평가와 정리의 시간을 통해 서로 보완할 수 있도록 가이드 한다.

〈별첨 1〉 이야기 만들기 활동지

공감각 이용하기

프로그램 명	공감각 이용하기
창의성 인지요소	문제의 민감성, 융통성
프로그램 목표	공감각 이용하기를 통하여 (1) 제시된 자극(구체물/추상적 개념)을 오감으로 해석하여 표현해보는 활동을 통해 주어진 자극을 이해하고 새로운 의미를 발견하는 문제 민감성을 기른다. (2) 주어진 단어에 대해서 실제로는 오감으로 표현될 수 없는 느낌까지 표현하도록 함으로써 융통성을 기른다.
소요시간	60분

프로그램 과정	도입
	(10분)
		1. 프로그램 목표에 대해 안내한다.
		   – 이 프로그램을 통해서 융통성, 독창성, 문제의 민감성을 기를 수 있음을 명시한다.
		2. 둘씩 짝을 지어 앉도록 한다.
		3. 프로그램지를 배부한다.
		4. 지시사항 전달한다.
		   – 아래 단어들을 모양, 색깔, 소리, 촉감, 맛, 그리고 냄새로 표현한다면 어떻게 나타낼 수 있는지 상상하여 묘사해주세요.

프로그램 과정	전개 (15분)	사물에 대한 공감각 이용하기 프로그램 실시 (1) 사물에 대한 기존의 감각을 그대로 쓰지 않고, 새로운 감각을 상상해 내도록 한다. (2) 사물에 대한 새로운 감각을 부여함으로써, 새로운 특징의 사물이 창출될 수 있도록 한다.

	중간
	정리
	(10분)
		(평가) 짝진 팀끼리 서로의 공감각 이용하기를 읽어보고, 평가하기
		   – 서로의 공감각 이용하기에서 공감되는 부분과 그렇지 않은 부분을 평가해 봄으로써, 서로의 장단점을 파악할 수 있다.
		   – 훈련에 대한 이해력을 높일 수 있다.
		   – 잘 된 공감각 이용하기를 발표시키고, 학생들은 다른 사람의 새로운 아이디어를 통해 자신의 아이디어와 접목시켜, 공감각 이용하기를 확장시켜 생각할 수 있다.

	전개 (15분)	추상 명사에 대한 공감각 이용하기 프로그램 실시 (1) 추상적인 단어에 대해서 평상시 가질 수 없었던 오감에 대해서 상상하여 표현하도록 한다. (2) 추상적인 개념에 대해 새로운 의미를 부여함으로써, 기존의 단어의 특성을 스스로 확장시켜 나갈 수 있음을 발견하도록 한다.
	정리 (10분)	(평가) 짝진 팀끼리 서로의 공감각 이용하기를 읽어보고, 평가하기
유의점		추상 명사에 대한 공감각 이용하기에 대한 문제는 더 어렵기 때문에 사물에 대한 공감각 이용하기를 중간 정리 시간을 통해서 확실히 이해시키도록 함으로써, 다음 프로그램을 더욱 효율적으로 진행 할 수 있도록 한다.

〈**별첨 2**〉 공감각 이용하기 활동지

부정하기

프로그램 명	부정하기	
창의성 인지요소	융통성, 독창성, 문제 민감성	
프로그램 목표	부정하기 프로그램을 통하여 (1) 기존의 사물에 대하여 부정하여 사물에 대한 고정관념을 깨고 강제적으로 관점을 변화시켜 새로운 사물을 만들거나 기존의 사물을 새롭게 변화시키는 활동으로서 융통성과 독창성을 기른다. (2) 제시 자극을 부정하고 다른 사물로 강제로 변화시킴으로써 제시 자극이나 다른 사물이 갖는 특성을 이해하고 분석하여 주어진 자극에 새로운 의미를 부여하는 문제의 민감성을 기른다.	
소요시간	60분	
프로그램 과정	도입 (10분)	1. 프로그램 목표에 대해 안내한다. – 이 프로그램을 통해서 문제의 민감성과 융통성을 기를 수 있음을 명시한다. 2. 둘씩 짝을 지어 앉도록 한다. 3. 프로그램지를 배부한다. 4. 지시사항 전달한다. – 주어진 사물을 부정하여 그 사물에 대한 새로운 아이디어를 떠올려 봅시다. – '새로운 의자/ 새로운 사물' 을 만들기 위한 아이디어를 제시해 봅시다.
	전개 (15분)	의자 부정하기 프로그램 실시 (1) 의자에 대해서 의미 있게 부정하도록 한다. (2) 새로운 기능 또는 형태를 발견하여 새로운 산물을 창출할 수 있도록 한다.
	중간 정리 (10분)	[평가] 짝진 팀끼리 서로의 부정하기를 읽어보고, 평가하기 – 서로의 부정하기를 통해 새로운 관점에서의 창출된 산물을 비교하고, 아이디어를 공유할 수 있다. – 발표를 통해 다른 사람의 이야기를 들음으로써, 자신의 부족한 점을 생각해 보고, 새로운 아이디어의 전환점을 얻을 수 있다.
	전개 (15분)	장바구니 부정하기 프로그램 실시 (1) 장바구니를 다른 각도에서 부정하기 (2) 새로운 장바구니를 창출하기 위해, 장바구니에서 장바구니가 아닌 사물을 접목시키기
	정리 (10분)	[평가] 짝진 팀끼리 서로의 부정하기를 읽어보고, 평가하기 – 평가를 통해 자신이 발견하지 못했던 부분에 대해서 생각해 볼 수 있게 한다. – 다른 사람의 이야기를 들음으로써, 새로운 생각의 전환점을 찾는다.
유의점	각각의 사물에 대해서 5번의 부정하기를 할 때, 계속해서 부정하기 관점의 변화를 줄 수 있도록 주의 시켜준다.	

〈별첨 3〉 부정하기 활동지

블랙 박스 채우기

프로그램 명	블랙 박스 채우기
창의성 인지요소	유창성, 독창성, 정교성
프로그램 목표	블랙 박스 채우기 프로그램을 통하여 (1) 제한된 시간에 제시된 개념들을 사용하여 원인과 결과를 연결시키는 블랙박스의 과정을 가능한 한 많이 하도록 함으로써 유창성을 기른다. (2) 쉽게 연합되지 않는 원인과 결과를 논리적으로 연결하여 진술함으로써 독창성과 정교성을 기른다.
소요시간	40분
프로그램 과정	**도입 (10분)** 1. 프로그램 목표에 대해 안내한다. - 이 프로그램을 통해서 융통성, 독창성, 문제의 민감성을 기를 수 있음을 명시한다. 2. 둘씩 짝을 지어 앉도록 한다. 3. 프로그램지를 배부한다. 4. 지시사항 전달한다. - 아래의 input 목록의 요소들을 블랙박스에 넣으면 output 요소들이 만들어집니다. - 어떤 input 요소를 넣으면 블랙박스의 어떤 과정을 통하여 어떤 output이 산출되었는지 설명하세요. - Input과 output의 요소들은 수에 제한 없이 자유롭게 선택 가능합니다. - 주어진 시간은 20분입니다. 제한된 시간 내에 가능한 많은 상자를 채워야 합니다. **전개 (20분)** 프로그램지의 순서에 따라 블랙 박스 채우기 프로그램 실시 (1) 활동을 이해할 수 있도록 예시를 전달한다. - 예를 들어 INPUT에 산만함이 어떤 과정을 거쳐 OUTPUT에 집중이 나온다고 설명 (2) 시간을 엄수하도록 주의시킨다. **정리 (10분)** (평가) 짝진 팀끼리 서로의 블랙박스 채우기를 읽어보고, 평가하기 - 다른 사람의 블랙박스 채우기를 보면서 자신의 결과물과 비교하여, 얼마나 많이 잘 했는지 살펴봄으로써 자신의 부족한 점 생각해 보기 - 서로의 평가를 통해서 문제에 대한 이해력을 높이고, 자신만의 전략을 증진시킬 수 있도록 생각해 보기 - 다른 사람의 독창적인 input과 output의 연결을 보면서 자신의 아이디어 확장에 자극 주기
유의점	주어진 시간 안에 많은 활동을 하는 것에 주안점을 주어서, 한 문제에 너무 집착하지 않도록 주의하는 것이 필요

〈별첨 4〉 블랙 박스 채우기 활동지

다양하게 분류하기

프로그램 명	다양하게 분류하기
창의성 인지요소	융통성, 문제 민감성
프로그램 목표	다양하게 분류하기 프로그램을 통하여 (1) 주어진 시각자료를 바탕으로 분류하고 그 기준을 진술해보는 활동이 반복적으로 이루어짐으로써 같은 사물을 다르게 범주화하는 융통성을 기른다. (2) 다른 기준에서 분류하기를 계속 해야 하기 때문에, 사물에 대하여 다양한 분류기준을 적용할 수 있도록 사물이 갖고 있는 다중적 특성을 파악하는 문제 민감성을 기른다.
소요시간	40분
프로그램 과정	**도입 (10분)** 1. 프로그램 목표에 대한 안내한다. – 이 프로그램을 통해서 융통성, 문제의 민감성을 기를 수 있음을 명시한다. 2. 둘씩 짝을 지어 앉도록 한다. 3. 프로그램지를 배부한다. 4. 지시사항 전달한다. – 아래 주어진 사물을 두 종류로 분류하고 분류기준을 기술하세요. **전개 (20분)** 프로그램지의 순서에 따라 다양하게 분류하기 프로그램 실시 (1) 다양한 범주에서 분류할 것을 강조한다. (2) 사물에 대한 새로운 시각을 부여하고, 그 특성을 찾을 것을 강조한다. **정리 (10분)** (평가) 짝진 팀끼리 서로의 다양하기 분류하기를 읽어보고, 평가하기 – 다른 사람의 다양하기 분류하기를 보면서 얼마나 독특한 기준에서 분류했는지 평가해 본다. – 얼마나 다른 범주에서 분류했는지 초점을 맞추어 평가를 함으로써, 융통성을 이해한다. – 서로의 평가를 통해서 자신이 미처 생각해 보지 못했던 기준들을 살펴보면서, 사물에 대한, 문제에 대한 민감성의 개념에 대해 체득한다.
유의점	다양한 시각과 범주에서 사물을 볼 수 있도록 주의 시킨다.

〈별첨 5〉 다양하게 분류하기 활동지

이 프로그램의 목표는 다음과 같다.
1. 제시된 사진 자료의 순서를 뒤바꾸어 가면서 사진자료에 대한 다양한 이야기를 만들어봄으로써 다양한 시각을 변화시켜야 하는 융통성을 기른다.
2. 주어진 사실들의 인과관계를 추론하여 구체화시키는 정교성을 기른다.
3. 독특하고 새로운 이야기를 만드는 활동을 통하여 독창성을 기른다.

세 개의 그림들을 연결시켜 이야기를 만드는 활동입니다. 같은 그림이라도 제시된 순서가 다르면 각각의 이야기는 서로 다른 이야기가 됩니다. 아래 제시된 그림 순서에 따라, 독창적인 이야기를 이야기의 연결이 자연스럽고 흥미있도록 만들어보세요.

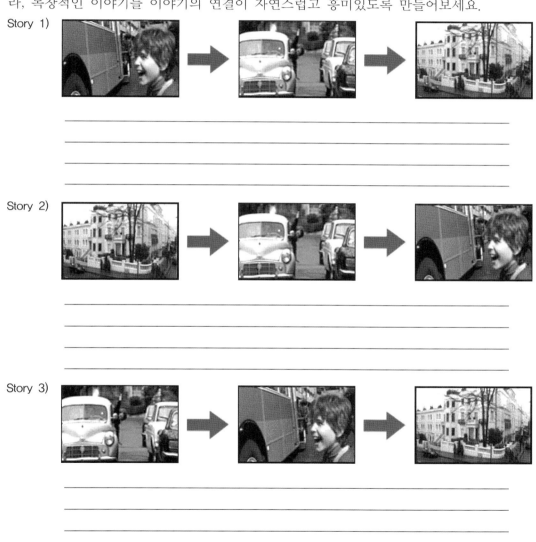

Story 1)

_____
_____
_____
_____

Story 2)

_____
_____
_____
_____

Story 3)

_____
_____
_____
_____

Story 4)

_____

_____

_____

_____

Story 5)

_____

_____

_____

_____

Story 6)

_____

_____

_____

_____

이 프로그램의 목표는 다음과 같다.
제시된 자극(구체물/ 추상적 개념)을 오감을 통하여 해석하여 표현해보는 활동으로서 주어진 자극을 이해하고 새로운 의미를 발견하는 문제의 민감성을 기른다.

　아래 단어들을 모양, 색깔, 소리, 촉감, 맛, 그리고 냄새로 표현한다면 어떻게 나타낼 수 있는지 상상하여 묘사해주세요.

(1) 핸드폰

　핸드폰의 모양/ 색깔

　핸드폰의 소리

　핸드폰의 촉감

　핸드폰의 맛

　핸드폰의 냄새

(2) 펜

　펜의 모양/ 색깔

　펜의 소리

　펜의 촉감

　펜의 맛

　펜의 냄새

(3) 의자

　　의자의 모양/ 색깔

　　의자의 소리

　　의자의 촉감

　　의자의 맛

　　의자의 냄새

(4) 컴퓨터

　　컴퓨터의 모양/색깔

　　컴퓨터의 소리

　　컴퓨터의 촉감

　　컴퓨터의 맛

　　컴퓨터의 냄새

(5) 카트

　　카트의 모양/색깔

　　카트의 소리

　　카트의 촉감

　　카트의 맛

　　카트의 냄새

이 프로그램의 목표는 다음과 같다.
기존의 사물에 대하여 부정하여 사물에 대한 고정관념을 깨고 강제적으로 관점을 변화시켜 새로운 사물을 만들거나 기존의 사물을 새롭게 변화시키는 활동으로서 융통성과 독창성을 기른다.
제시 자극을 부정하고 다른 사물로 강제로 변화시킴으로써 제시자극이나 다른 사물이 갖는 특성을 이해하고 분석하여 주어진 자극에 새로운 의미를 부여하는 문제의 민감성을 기른다.

주어진 사물을 부정하여 그 사물에 대한 새로운 아이디어를 떠올려봅시다.

이것은 의자가 아니다.
이것은 ＿＿＿＿＿＿＿＿＿이다.
이것은 ＿＿＿＿＿＿＿＿＿의 특징을 갖는다.
그래서 나는 ＿＿＿＿＿＿한 ＿＿＿＿＿＿을 만들고 싶다.

이것은 바구니가 아니다.
이것은 ＿＿＿＿＿＿＿＿＿이다.
이것은 ＿＿＿＿＿＿＿＿＿의 특징을 갖는다.
그래서 나는 ＿＿＿＿＿＿한 ＿＿＿＿＿＿을 만들고 싶다.

이 프로그램의 목표는 다음과 같다.
1. 제한된 시간에 제시된 개념들을 사용하여 원인과 결과를 연결시키는 블랙박스의 과정을 가능한 한 많이 생각해보게 하는 활동으로 유창성을 기른다.
2. 쉽게 연합되지 않는 원인과 결과를 논리적으로 연결하여 설명하는 블랙박스의 과정을 진술해보는 경험을 통하여 정교성을 기른다.
3. input과 output을 연결하는 독특한 블랙박스의 과정을 생각해냄으로써 독창성을 기른다.

　　아래의 input 목록의 요소들을 블랙박스에 넣으면 output 요소들이 만들어집니다. 어떤 input 요소를 넣으면 블랙박스의 어떤 과정을 통하여 어떤 output이 산출되었는지 설명하세요. input과 output의 요소들은 수에 제한 없이 자유롭게 선택 가능합니다.

※ 주어진 시간은 20분입니다. 제한된 시간 내에 가능한 많은 상자를 채워야 합니다.

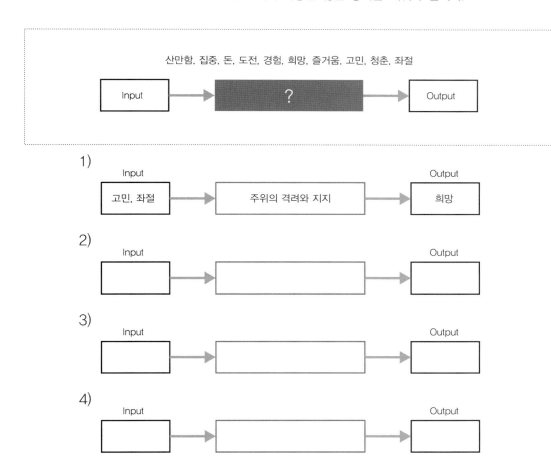

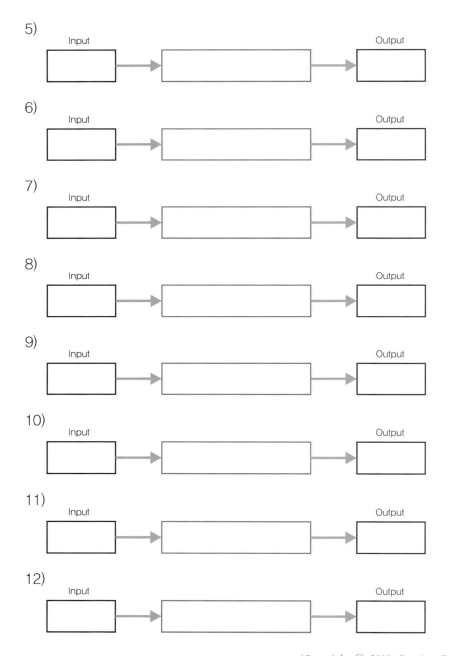

5) Input   Output

6) Input   Output

7) Input   Output

8) Input   Output

9) Input   Output

10) Input   Output

11) Input   Output

12) Input   Output

이 프로그램의 목표는 다음과 같다.

주어진 시각자료를 바탕으로 분류하고 그 기준을 진술해보는 활동이 반복적으로 이루어 짐으로써 같은 사물에 대하여 다양한 분류기준을 적용할 수 있고 사물이 갖고 있는 다중적 특성을 이해할 수 있는 융통성을 기른다.

우선 아래 주어진 사물을 두 종류로 분류하고 분류기준을 기술하세요.

이 사물을 다시 다른 두 종류로 분류하고 분류기준을 기술하세요.

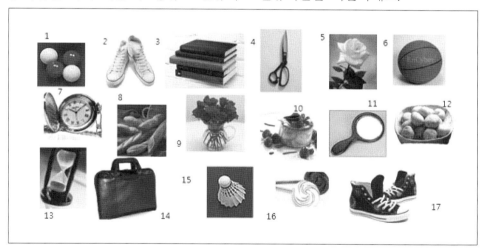

이 사물을 다시 다른 두 종류로 분류하고 분류기준을 기술하세요.

이 사물을 다시 다른 두 종류로 분류하고 분류기준을 기술하세요.

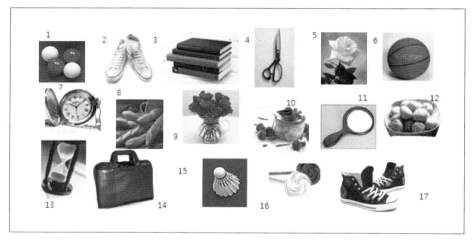

이 사물을 다시 다른 두 종류로 분류하고 분류기준을 기술하세요.

4

제품의 기능과
인간의 행위 연계

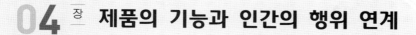

04 ^장 제품의 기능과 인간의 행위 연계

1. 기능

《창의적 설계 입문》(김용세, 2009)에서 기능 분할 및 기능 기반 설계 내용이 합리적인 설계 방법 관련 내용으로 소개된다. 이의 기반이 되는 제품 등 인공물의 기능에 대한 논의를 해보자.

우리에게 익숙하고 간단한 제품인 컵을 이용하여 설명한다. 아래 그림에는 색깔은 다르나 같은 모양을 갖고 있는 5개의 컵이 보여진다. 그리고 다음에 역시 컵이라고 불려지는 또 다른 제품이 보여진다. 이들은 모두 컵이 제공하는 기능을 공유한다고 볼 수 있다. 그러면 이들 컵의 기능은 무엇인가?

Exercise 컵의 기능

컵의 기능이 무언지를 Brainstorming 하기

흔히 벽돌을 주고, 벽돌을 이용하여 할 수 있는 다양한 아이디어를 짧은 시간에 많이
만들어내는 브레인스토밍을 한다. 그러나 여기에서 컵의 기능의 브레인스토밍은 혹시 쓰
일 수 있는 아이디어를 만들라는 것이 아니고, 컵의 본연의 기능이 무언지를 수업시간에
학생들이 직접 참여하는 토론형식으로 그러나 학생들의 내용에 대한 비판을 하지 않으며
진행한다는 의미이다.

기능 분할(Function Decomposition)

제품의 기능을 가장 총체적인 개념의 기능으로 블랙박스의 형태로 찾아보자(김용세, 2009). 이를 위해 때로는 블랙박스의 input과 output을 표현하기도 한다.

컵의 기능은 물 등 액체를 담는 것(Contain하는 것)이라고 할 수 있다. 사실 컵에는 액체뿐 아니라, 고체 형태의 물건을 담을 수도 있다. 어머니가 시장 볼 때 사용하는 그물 같은 것으로 된 시장바구니도 시장 본 물건을 담을 수 있다. 그런데 여기에는 물은 못 담는다. 자 그럼 일단 물을 대표적인 액체를 일컫는다고 하고, "물을 담는다"를 컵의 기능으로 하자. 컵의 모양, 재질 등은 컵이 이 기능을 제공함을 가능하게 해 주어야 한다. 즉 기능은 제품의 입장에서 제공하는 것이다.

대표적으로 또는 총체적으로, 다시 말하면 추상적으로, 영어로 말하면 High-Level에서 보면, 컵의 기능은 '물을 담는다'이다. 그러면 할머니가 담궈 놓은 포도주 병을 생각해 보자. 포도주를 담고 있는 포도주 병은 보관 중일 때는 항상 뚜껑이 닫혀있다. 그러나 앞의 그림에서 보여준 일반적인 컵 들은 그런 뚜껑이 없다. 포도주를 담궈서 컵에 보관하지는 않는다. 즉 컵이란 물을 담아 놓는 시간이 비교적 짧다. 따라서 그의 기능에는 담아놓는 상태 이전과 이후의 기능이 포함되어야 한다. 즉, 물을 부어서 컵 속에 넣는 기능, 물을 따라내어 밖으로 배출하는 기능이 포함된다. 그런데 이들 간에는 명백한 순서가 존재한다. 물을 받아들이고, 담고, 그리고 그 다음에 배출한다.

따라서 컵의 상위 개념의 기능 및 하위 개념으로 분할된 기능 등을 블랙박스에 표현하면 아래와 같다. 여기에 입, 출력 내용을 함께 표현하는데, 물이 들어가고, 담아져 있고, 배출되며, 중력이 항상 작용한다.

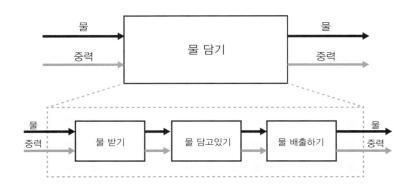

기능과 관련 상황

물을 받고, 담고, 배출하는 기능을 제공하는 다른 제품 들을 생각해보자. 컵과 닮은꼴의 모양을 갖고 있으나 그 크기가 큰 대야(또는, 더 크면 '다라이'라고 부름)를 생각해보자. 비닐 봉지도 위의 기능을 제공한다. 물병도. 그렇다면 어떤 부가적 기능이 컵을 이들과 차별화하나? 모든 제품과 서비스는 기능(Function), 구조(Structure), 성질(Behaviour)를 갖는다. 위의 세 제품은 과연 어떤 구조적 공통점이 물 받기, 담기, 배출하기의 기능을 공유하게 하나? 그러면 구조적 차이점은 무엇인가? 이런 구조 특성으로 이들 제품은 어떤 성질을 갖는가? 사실 이런 부분들을 결정하는 것이 설계·디자인이다.

기능, 구조, 성질과 함께 제품·서비스 설계에서 중요한 부분이 상황(Context)이다. 컵은 사람이 이용하는 제품이다. 사람과 상호작용을 한다. 사람의 행위(Activity), 여기서는, 즉 컵을 이용하는 행위가 사실은 모든 설계·디자인의 원초적 핵심이다. 커다란 대야는 사람이 쉽게 조작하기 어렵다. 자 이제 사람이 상호작용함을 기능분할로 표시하자. 비닐봉지와 컵의 구조적 차이점은 무엇인가, 아니면 성질의 차이점은? 물을 담고 있는 컵이건, 비닐이건 이들은 중력이 작용하는 상황에서 그 기능을 제공한다. 그런데 그림에서 보듯 컵은 테이블 위에 스스로 안정되게 위치하고 있다. 물이 여전히 담겨있다. 그러나 비닐봉지를 테이블에 놓으면 비닐봉지의 구조적 특성으로 물을 담고 있지 못하고 다 흘리고 말게 된다. 결국 테이블에 스스로 안정적으로 있을 수 있는 기능이 차이점이다. 이 부분을 보완한 컵의 기능 분할은 아래쪽에 있는 것과 같다. 상호작용을 하는 손과 테이블을 기능 박스의 위쪽에 표시했다. 손댈 수 있게 하기, 테이블 위에 서 있게 하기는 서로 선후 관계가 없고, 물받기-물담기-물배출하기 등과도 선후 관계가 없다. 따라서 이들은 병렬로 연결된다.

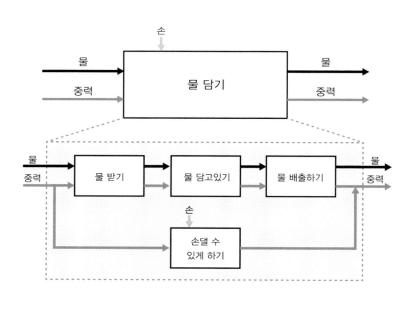

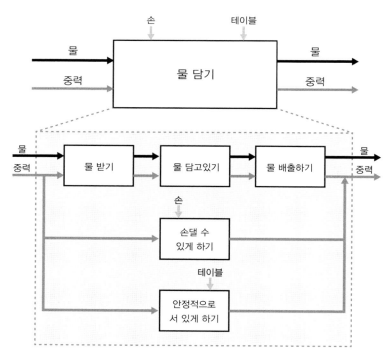

2. 인간의 행위

　설계·디자인은 왜 하는가? 가장 본질적인 디자인은 무엇인가? 등의 생각이 필요한 시점이다. 지면 사정으로 결론부터 말하면, 핵심 목적은 너무도 당연하게 인간이다. 사람이다. 사람이 잘 먹고 잘 살기 위해 자연이 제공하지 않은 인공물을 이용하게 된다. 이 인공물은 어떤 경우에는 제품, 어떤 경우는 서비스로 제공되며, 사실은 제품-서비스 통합 시스템(김용세, 2013)으로 제공되는 것으로 이들 인공물과 사람의 행위가 설계·디자인된다. 따라서 핵심은 사람의 행위 디자인 즉 서비스 디자인이다. 이에 대해 관심이 있는 학생들은 성균관대 서비스 융합디자인 협동과정(Service Design Institute)에 문의하기 바란다(SDI, 2014).

　컵이라는 제품의 인간 행위를 생각해보자. 어떤 행위를 하는가?

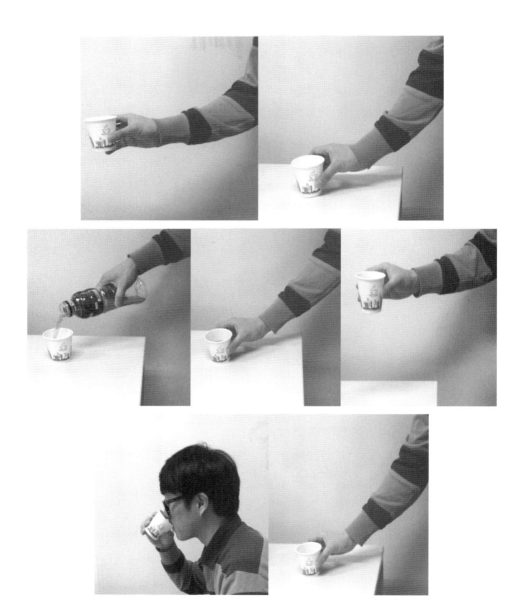

컵 잡기, 컵 놓기, 컵에 음료수 따르기, 음료수 있는 컵 잡고 들기, 마시기, 컵 다시 놓기

생수병은 몇 개의 부품으로 구성되어 있는가? 이들 각각의 기능은 무엇인가? 이들은 각각 어떤 구조적 특징(특징형상)들을 갖고 있나?

인간-제품 상호작용

제출자 성명 :

토스터를 이용하는 사람의 행위는 어떤 것들이 있나?

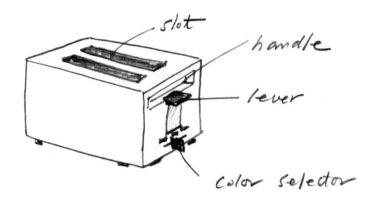

맺음말

≪창의적 설계 입문≫ (김용세, 2009)의 Companion Workbook으로서 본 교재가 시각적 추론 등 설계기본 소양 학습, 연습 및 과제를 지원하기를 기대한다.

참고문헌

(김용세, 2009) 김용세, 창의적 설계 입문, 생능출판사, 2009

(Antonsson & Cagan, 2001) Antonsson, E., and Cagan, J., (Eds.) Formal Engineering Design Synthesis, Cambridge, 2001.

(EDGV, 2002) Engineering Design Graphics and Visualization (EDGV) Software System, 성균관대 창의적디자인연구소, 2002.

(Guilford & Hoepfner, 1971) Guilford, J. P., and Hoepfner, R., The Analysis of Intelligence, McGraw-Hill, New York, 1971

(Hanks & Belliston, 1977) Hanks, K., and Belliston, L., Draw, William Kaufmann, Inc. 1977.

(McKim, 1972) McKim, R., Experiences in Visual Thinking, Brooks/Cole Publishing Company, Los Angeles, 1972.

(Kim et al, 2012) Y. S. Kim, J. W. Shin, S. R. Kim, J. H. Noh and N. R. Kim, A Framework of Design for Affordances Using Affordance Feature Repositories, Proc. of ASME Design Theory and Methodology Conference, 2012.

(Kraft, 2005) Kraft, U., Unleashing creativity, Scientific American Mind, Vol. 16, No. 1, pp. 17-23, 2005.

(Park & Kim, 2007) Park, J. A., and Kim, Y. S., Visual Reasoning and Design Processes, Proc. of Int'l. Conf. on Engineering Design, Paris, 2007.

(PSSD, 2013) http://pssd.or.kr, 제품-서비스 통합시스템 디자인 기술개발 과제, 산업통상자원부 지원, 성균관대 창의적디자인연구소, 2013.

(SDI, 2014) http://sdi.skku.edu, 성균관대 서비스 융합디자인 협동과정, 2014.

(Sheppard & Jenison, 1997) Sheppard, S., and Jenison, R., Examples of Freshman Design Education, Int. J of Engineering Education, Vol. 13, No. 4, 1997.

(Suwa & Tversky, 2001) Suwa, M., and Tversky, B., Constructive Perception in Design, J. S. Gerp & M. L. Maher (eds.) Computational and Cognitive Models of Creative Design V, Sydney, Univ. of Sydney, 2001.

(Treffinger, 1980) Treffinger, D. J., Encouraging Creative Learning for the Gifted and Talented, Ventura County Schools/LTI, Ventura, 1980.

저자와의 협의에 의해
인지를 생략합니다.

Introduction to
Creative Design Workbook
창의적 설계 입문 워크북

김용세 저

초판발행 : 2014. 9. 1
제1판3쇄 : 2019. 8. 13
발 행 인 : 김 승 기
발 행 처 : (주)생능출판사
신고번호 : 제2014-000002호
신고일자 : 2005. 1. 21
I S B N : 979-11-951951-2-1 (93530)

10881
경기도 파주시 광인사길 143
대표전화 : (031) 955-0761   FAX : (031) 955-0768
홈페이지 : http://www.booksr.co.kr

파본 및 잘못된 책은 바꾸어 드립니다.   정가 3,000원